Texte détérioré — reliure défectueuse

NF Z 43-120-11

N° d'ordre : 134.

FACULTÉ DES SCIENCES DE L'UNIVERSITÉ DE PARIS.

LA
BAIE DE GÂVRES ET SES ENVELOPPES.

CONTRIBUTION A L'ÉTUDE DE L'ÉVOLUTION DES CÔTES DU LITTORAL ATLANTIQUE BRETON.

MÉMOIRE

PRÉSENTÉ A LA FACULTÉ DES SCIENCES DE PARIS,

POUR L'OBTENTION DU

DIPLOME D'ÉTUDES SUPÉRIEURES

PAR

Marcel BRUNET.

TRAVAIL FAIT AU LABORATOIRE DE M. CH. VÉLAIN.

Jury d'examen....... { MM. VÉLAIN, *Président.*
GENTIL,
BERGET.

FACULTÉ DES SCIENCES DE L'UNIVERSITÉ DE PARIS.

LA
BAIE DE GÂVRES ET SES ENVELOPPES.

CONTRIBUTION A L'ÉTUDE DE L'ÉVOLUTION DES CÔTES DU LITTORAL ATLANTIQUE BRETON.

MÉMOIRE

PRÉSENTÉ A LA FACULTÉ DES SCIENCES DE PARIS,

POUR L'OBTENTION DU

DIPLOME D'ÉTUDES SUPÉRIEURES

PAR

Marcel BRUNET.

TRAVAIL FAIT AU LABORATOIRE DE M. CH. VÉLAIN.

Jury d'examen . . . . { MM. VÉLAIN, *Président.*
GENTIL,
BERGET.

FACULTÉ DES SCIENCES DE L'UNIVERSITÉ DE PARIS.

	MM.	
Doyen................ ...	P. APPELL, Professeur.	Mécanique rationnelle.
Doyen honoraire........	G. DARBOUX.........	Géométrie supérieure.
Professeurs honoraires.	{ CH. WOLF. J. RIBAN.	
	LIPPMANN...........	Physique.
	BOUTY...............	Physique.
	BOUSSINESQ.........	Physique mathém. et Calcul des probabilités.
	PICARD.............	Analyse supérieure et Algèbre supérieure.
	H. POINCARÉ.	Astronomie mathém. et Mécanique céleste.
	Y. DELAGE	Zoologie, Anatomie, Physiologie comparée.
	GASTON BONNIER.....	Botanique.
	DASTRE.............	Physiologie.
	KŒNIGS.	Mécanique physique et expérimentale.
	VELAIN.............	Géographie physique.
	GOURSAT............	Calcul différentiel et Calcul intégral.
	CHATIN	Histologie.
	HALLER.............	Chimie organique.
	JOANNIS............	Chimie (Enseignement P. C. N.).
	JANET.	Physique (Enseignement P. C. N.).
	WALLERANT........	Minéralogie.
	ANDOYER..	Astronomie physique.
Professeurs............	PAINLEVÉ...........	Mathématiques générales.
	HAUG...............	Géologie.
	HOUSSAY..	Zoologie.
	H. LE CHATELIER...	Chimie.
	GABRIEL BERTRAND..	Chimie biologique.
	Mᵐᵉ P. CURIE........	Physique générale.
	CAULLERY	Zoologie (Évolution des êtres organisés).
	C. CHABRIÉ.........	Chimie appliquée.
	G. URBAIN..........	Chimie.
	ÉMILE BOREL........	Théorie des fonctions.
	MARCHIS	Aviation.
	JEAN PERRIN..... ...	Chimie physique.
	G. PRUVOT	Zoologie, Anatomie, Physiologie comparée.
	MATRUCHOT........	Botanique.
	ABRAHAM...........	Physique.
	N..................	Application de l'Analyse à la Géométrie.
	N..................	Calcul différentiel et Calcul intégral.
	PUISEUX............	Mécanique et Astronomie.
	LEDUC..	Physique.
	MICHEL......	Minéralogie.
	HÉROUARD..........	Zoologie.
	LÉON BERTRAND.....	Géologie.
Professeurs adjoints....	RÉMY PERRIER	Zoologie (Enseignement P. C. N.).
	MOLLIARD..........	Physiologie végétale.
	COTTON.............	Physique.
	LESPIEAU...........	Chimie.
	GENTIL.............	Pétrographie.
	SAGNAC............	Physique (Enseignement P. C. N.).
	PEREZ.............	Zoologie (Évolution des êtres organisés).
Secrétaire............	D. TOMBECK.	

LA

BAIE DE GAVRES ET SES ENVELOPPES.

CONTRIBUTION A L'ÉTUDE DE L'ÉVOLUTION
DES CÔTES DU LITTORAL ATLANTIQUE BRETON.

Par Marcel BRUNET.

Avant d'aborder cette étude restreinte, il nous a paru utile d'analyser les ouvrages de Géographie générale qui ont trait à la Bretagne. Ces travaux nous apporteront des enseignements précieux et nous permettront de mieux voir les liens étroits qui rattachent notre sujet à l'ensemble de la presqu'île armoricaine.

Ch. Barrois [5, 6], dont les études remarquables sur le sol et le littoral bretons sont restées classiques, a comparé la structure de la Bretagne à celle des Appalaches.

La structure de la Bretagne est, dit-il, due à deux puissants anticlinaux dirigés respectivement vers le Nord-Est et le Sud-Est; l'axe anticlinal du Léon relève les strates au nord du pays, de Brest à l'île de Guernesey; l'axe anticlinal de Cornouailles les relève au sud de la contrée de l'île de Sein à Nantes. Ces deux plis sont séparés par un géosynclinal longitudinal qui s'étend de la rade de Brest aux abords des ceintures concentriques du bassin de Paris et qu'occupent une série de plis synclinaux et anticlinaux.

La topographie générale montre un plateau méridional d'ensemble plus régulier, moins découpé en tronçons distincts que la zone méridionale; par contre, celle-ci a mieux résisté aux phénomènes d'abrasion et conserve une hauteur moyenne un peu plus considérable.

Quant au bassin intérieur, il n'offre pas une dépression suffisamment marquée pour qu'une rivière ait pu s'y creuser un large lit et former ainsi une voie de navigation dans l'intérieur de la péninsule.

Le régime hydrographique est commandé par l'uniformité d'un climat humide et l'imperméabilité du sol. Les cours d'eau superficiels sont innombrables; on peut en compter une cinquantaine d'une certaine importance. Parmi ces rivières il en est un plus grand nombre au nord qu'au sud de la presqu'île, les trois cinquièmes d'entre elles coulant vers le Nord, les deux cinquièmes vers le Sud. Leur longueur est en raison inverse de leur nombre; elle est en moyenne quatre fois plus grande au Sud qu'au Nord, drainant de ce côté une superficie trois fois plus étendue.

Toutes ces rivières sont caractérisées par la profondeur de leur lit et la grande concavité de leurs vallées.

Les rias qui descendent au Nord de la presqu'île sont nombreuses, courtes, conséquentes, à pente relativement rapide; les rivières qui descendent au Sud sont plus importantes, moins nombreuses, à pente plus faible et chargées de plus de branches subséquentes.

Ainsi les cours d'eau de la région se répartissent en deux séries : ceux du plateau septentrional, étroit et raide; ceux du plateau méridional, plus étendu, où la pente plus faible a donné naissance à des méandres variés.

Enfin la Bretagne doit beaucoup de ses caractères à son climat qui est doux, égal, tempéré.

C'est aux eaux de l'Océan qui l'entourent de toutes parts que la Bretagne doit ce climat et, par suite, la configuration de ses rivages découpés par le ruissellement.

Emm. de Martonne [11] adopte la comparaison qu'a faite Ch. Barrois de la structure de la Bretagne avec celle des Appalaches, en la complétant. Pour lui, la Bretagne a été singulièrement moins déformée et moins soulevée que la région appalachienne. De là, remarque-t-il justement, vient sa monotonie. Les reliefs de roches dures ont souvent été à peine dégagés par le dernier cycle d'érosion. Il localise la comparaison de Ch. Barrois dans le sud des Appalaches, vers les confins de la Géorgie et de l'Alabama, là où, d'après

M. Hayes (¹), la pénéplaine tertiaire à peine soulevée vient plonger sous les sédiments récents et n'a presque pas été entaillée par l'érosion. En Bretagne il suffirait, assure-t-il, d'un mouvement négatif plus accentué du niveau de base pour rendre la structure appalachienne évidente. Cependant, cette structure appalachienne, un œil exercé peut la déceler en plus d'un endroit et il nous en décrit plusieurs exemples typiques qu'il a pu étudier au cours de nombreuses excursions. L'ensemble de ses investigations l'amène à énoncer la conclusion suivante : « Le relief de l'Armorique est le résultat d'une évolution inachevée dont le terme aurait dû être le développement d'une structure appalachienne. Il est permis de considérer la plus grande partie, mais non la totalité de la Bretagne, comme un excellent type de pénéplaine. La conservation souvent merveilleuse de cette pénéplaine est due à la dureté des roches, à la faible ampleur du soulèvement et à un récent mouvement positif qui a paralysé en bien des points le travail de l'érosion. Néanmoins l'évolution a pu être poussée assez loin dans les zones argilo-schisteuses et dans les bassins fluviaux assez étendus pour faire à peu près complètement disparaître toute trace de l'ancienne surface topographique, remplacée par un modelé à courbes molles et à relief émoussé. »

Mais l'histoire de l'intérieur du sol breton ne peut s'éclairer bien qu'à la lumière de l'étude des côtes qui le frangent de trois côtés. Cette proposition est d'ailleurs réciproquement vraie. Aussi Emm. de Martonne essaye-t-il de définir ces côtes plus exactement qu'on ne l'avait fait, de leur restituer leur physionomie véritable, de marquer leur rôle dans l'évolution de la presqu'île bretonne.

Les géographes englobent, dit-il, toutes les côtes bretonnes sous la dénomination de côtes à rias. Il s'élève contre cette application trop générale qui embrasse l'ensemble alors qu'elle devrait se limiter à une partie. Il suffit d'ailleurs de préciser la notion de côtes à rias et de la promener au long du littoral pour s'assurer qu'elle ne saurait partout suffire.

D'après Richtoffen, les caractères essentiels des côtes à rias sont la multitude des anses arrondies séparées par des récifs, une grande abondance d'îles, enfin des golfes allongés et étroits péné-

---

(¹) C.-W. HAYES, *The Southern Appalachians* (*National Geographic Monographs*, nº 7, 1895).

trant très loin dans l'intérieur des terres. Ces golfes sont d'anciennes vallées fluviales envahies par la mer. Penck note la fréquence des rias dans le granite et les schistes cristallins. De Lapparent considère comme l'élément caractéristique les golfes allongés non ramifiés.

L'inspection du littoral révèle à côté de cet aspect ainsi caractérisé bien d'autres physionomies. « A côté des côtes rocheuses finement découpées et entaillées par ces golfes étroits qui portent le nom de *rivières* équivalent de rias, nous avons des côtes alluviales à contour rectiligne (baie du mont Saint-Michel), des côtes à lagunes comparables à celles du Languedoc (Cornouailles méridionale et Vannetais), des côtes à grands lobes largement découpés (extrémité occidentale). »

D'ailleurs, ces contrastes peuvent se figurer de façon mathématique, en mesurant le contour réel, le contour externe et le contour interne de chaque côte considérée et en établissant des comparaisons entre ces divers résultats. Emm. de Martonne, en combinant des données plus exactes [10], avec celles de Fr. Schwind [14], qui avait déjà tenté un tel essai, a obtenu des chiffres dont les écarts pour les différents types de côtes sont probants.

Emm. de Martonne pense qu'un mouvement positif seul, explique la nature des côtes bretonnes sur lesquelles trois facteurs ont pu agir : l'*érosion continentale*, l'*envahissement de la mer*, l'*érosion marine* qui régularise les déchiquetures dues au mouvement positif.

L'évidence d'un mouvement positif ne peut être nié après l'étude de la rivière de Châteaulin qui montre un ancien lit conservé au fond de la mer avec ses méandres.

Avant de s'attacher à l'étude méthodique du littoral, l'auteur tient à revenir sur la notion de côtes à rias, afin de la bien fixer et voir ensuite avec certitude dans quelle mesure elle s'applique à la Bretagne. Voici la définition qu'il nous en donne en l'illustrant de l'exemple de la Bretagne : « La véritable côte à rias est une côte encore jeune, ou du moins assez éloignée de la maturité pour que les inégalités du contour littoral résultant de l'immersion d'un relief continental peu développé n'aient pu être effacées. La Bretagne est une pénéplaine dont la transformation en chaîne appalachienne est à peine ébauchée. Dans le plateau de roches dures, où la pénéplaine s'est conservée, des vallées étroites ont été entaillées, que la montée des eaux marines a transformées en golfes allongés. La régularisation est encore très peu avancée. »

Le récent mouvement positif et la dureté des roches suffisent à expliquer la conservation générale des formes irrégulières du littoral. Mais les côtes bretonnes ne correspondent pas partout à la définition des côtes à rias, car la dissection de la pénéplaine a été plus ou moins poussée, suivant que son gauchissement a été plus ou moins accentué et que la dureté des roches se prêtait plus ou moins au travail de l'érosion. Outre ce grand principe de différenciation, il existe d'autres agents secondaires que seule une étude approfondie peut révéler.

En possession de ces données, l'auteur commence la revue détaillée du littoral. Il part de la côte à rias typique pour la suivre jusqu'à son dernier degré d'évolution.

Cette côte à rias proprement dite, il en trouve le meilleur exemple dans le Trégorrois où la montée des eaux marines a transformé les vallées en rias sans modifier aucunement leurs caractères morphologiques : ainsi le golfe de Trieux. La mer attaque cette côte avec une habileté extrême, mettant à profit les traits du relief continental. Mais si la démolition des saillies de la côte met en liberté une masse énorme de matériaux qui commencent à s'accumuler dans les angles rentrants, les courants de marée maintiennent libres les chenaux des rivières et balayent la plate-forme d'abrasion. Le travail de régularisation est par suite peu avancé. On a donc bien affaire à une côte jeune, une côte à rias typique.

Emm. de Martonne étudie ensuite la côte méridionale et le Morbihan. Il montre quelles différences essentielles séparent ce littoral de celui que baigne la Manche. Sans doute, dit-il, on trouve encore des *rivières*, mais bien moins profondes et beaucoup plus envasées. Peu ou pas de falaises sur la mer. La pénéplaine vient presque partout se raccorder avec le niveau de base actuel. La mer déferle d'une façon terrible sur cette côte rocheuse et plate, formant une plate-forme hérissée de récifs à fleur d'eau. A l'intérieur de la presqu'île le vent fait rage, courbant uniformément tous les arbres.

La conséquence de cet état de choses, poursuit-il, c'est une régularisation plus facile et plus avancée du littoral. L'alluvionnement est favorisé par les apports des rivières, singulièrement plus importantes que celles du versant de la Manche et par la régularité des courants marins, moins violents que sur la côte nord.

Emm. de Martonne considère le golfe du Morbihan comme une dépression envahie par la mer, par suite d'un gauchissement de la pénéplaine. Les îles et les presqu'îles représentent les parties élevées d'un relief continental immergé sous les eaux. L'envasement du Morbihan serait très rapide sans l'action des courants de marée dont Ch. Barrois a mis le rôle en évidence [3].

De cette côte en voie de régularisation active il nous conduit à une côte parvenue à un stade plus avancé. Ce sont les *Marais*. C'est dans les angles rentrants du littoral et au voisinage du débouché des rivières importantes que l'évolution vers la régularisation a été le plus poussée. Ainsi, aux abords de la Vilaine, on trouve plusieurs rivières entièrement oblitérées (rivière Saint-Éloi, rivière de Penbaie). La baie du mont Saint-Michel est une ancienne côte à rias parvenue au dernier degré de son évolution.

Les côtes à rias envisagées à leurs différents âges ne comprennent pas encore tout le littoral. Il y a place encore pour une côte d'une nature particulière qui, si elle ressemble par certains traits à une côte à rias, en diffère essentiellement par d'autres. Cette côte, Emm. de Martonne la définit une *côte à anses*. Sans doute, nous dit-il, la régularisation des contours est à peine ébauchée et c'est une côte jeune dont la physionomie est due à l'envahissement par la mer d'une pénéplaine imparfaitement disséquée; mais au lieu d'une fine ciselure festonnant un contour général plutôt massif, nous trouvons un littoral largement découpé, de vastes golfes avec des promontoires élancés à longue portée. Souvent largement ouverts, ces golfes tendent à se transformer en anses aux formes harmonieuses et régulières (Audierne, Douarnenez). Sans doute des rias frangent encore bien des points de la côte; mais elles ne sont plus le trait dominant. Cette côte à anses caractérise le Finistère. La dissemblance de cette côte d'avec le littoral nord et sud de la Bretagne vient de ce que, grâce à l'orientation des reliefs continentaux, la mer a pu pénétrer directement dans les dépressions et vallées longitudinales plus vastes et de pente plus douce, et s'y étaler. Et, d'autre part, comme les dépressions sont précisément établies dans des roches tendres, la mer y trouve moins d'obstacle au travail de régularisation du littoral. Les saillies qui s'y présentent sont promptement tronquées et les angles rentrants comblés.

Emm. de Martonne condense les conclusions auxquelles l'ont amené l'étude du sol et du littoral bretons dans la formule suivante : *La Bretagne est une presqu'île récemment formée aux dépens d'une région appalachienne peu différenciée.*

Marcel Chevalier [7] a montré qu'au cours de la période quaternaire les rivages de la presqu'île guérandaise ont été soumis à des oscillations très sensibles dont il a pu découvrir des traces manifestes qui se présentent sous forme de lambeaux émergés situés tout autour de la baie de Quimiac, Kerkabellec, non loin de Mesquer.

Dans le nord de la presqu'île guérandaise, on peut voir deux catégories de dépôts émergés correspondant à des altitudes différentes.

a. Les dépôts d'alluvions anciennes.

b. Les plages actuelles.

Les plages émergées actuelles se trouvent dans plusieurs endroits qui sont quelquefois assez éloignés les uns des autres. Elles correspondent à deux séries distinctes, les unes situées à une altitude d'environ $3^m,5o$, les autres situées seulement à une altitude de $1^m,25$ au-dessus du niveau des plus hautes mers.

Parmi toutes ces plages soulevées, celle qui présente le plus d'intérêt est celle qu'on peut observer à l'ouest de Quimiac. Ce lambeau de plage émergée montre une alternance assez régulière d'un dépôt de sable fin de couleur pâle avec des fossiles peu nombreux et d'un dépôt de sables grossiers à fossiles très abondants. Ces dépôts grossiers semblent avoir été longtemps exposés à l'air. Leur aspect terreux fait supposer qu'ils correspondent à des phases d'émersion ayant alterné avec des phases d'immersion représentées par des dépôts de sable fin.

D'une façon générale, dans tout le pays guérandais, les traces d'émersion sont très nettes; outre les plages qu'il a décrites, l'auteur recourt à d'autres témoins. Il signale les anciennes falaises rocheuses de l'époque des alluvions anciennes connues sous le nom de *rochers de Kremaguen* et situées à mi-côte de la route qui monte de Saillé à Guérande. Certains rochers de la pointe de Pen Château, au Pouliguen (le rocher Rond, par exemple), que les grandes marées n'atteignent plus aujourd'hui, montrent des trous perforés par des pholades où les coquilles de ces animaux sont encore en place.

Sous la chapelle de Creil, Marcel Chevalier a observé des petites falaises dont l'origine marine ne lui semble pas douteuse.

Le seul ensablement des côtes sous l'influence des apports de la Loire et de la Vilaine est pour lui impuissant à expliquer ses observations et il ne croit pas possible de refuser de voir dans le pays un changement certain du niveau de l'Océan.

La formation des dunes en pays guérandais est, dit-il, de date plus récente que les dernières plages émergées, car partout elles les recouvrent.

Actuellement, l'ensablement de la baie se poursuit encore d'une façon très rapide et l'on peut penser qu'à une époque relativement peu éloignée la baie pourra être remplacée par des dunes. On peut signaler le même fait pour la baie de Kerkabellec et certaines parties du traict du Croisic.

L'auteur croit inexactement interprétées les recherches de M. Kerviller qui dit avoir trouvé des restes de marais salants gallo-romains sous les marais salants actuels.

Marcel Chevalier recourt également aux documents historiques anciens.

Dans beaucoup d'anciens textes, dit-il, Batz est appelé l'*Ile de Batz*. Pour certains historiens, la célèbre bataille navale que César livra aux Vénètes dans le golfe de Granona aurait eu lieu dans un golfe aujourd'hui occupé par les marais salants de Saillé.

Suivant M. Benoist, entre Pradal et les Maisons Brûlées, au pied de Guérande, on aurait trouvé des restes de poteries et d'habitations, des fragments de quais et de barques romaines. Il y aurait eu un port à cet endroit. Auprès de Queniquen on aurait retrouvé des salines romaines creusées à une hauteur supérieure aux salines actuelles.

Enfin la septième Carte particulière des côtes de Bretagne, levée et gravée par ordre du Roy en 1693, indique comme ne découvrant jamais certaines roches qui manifestement découvrent actuellement pendant les grandes marées. Tel est le cas, par exemple, des deux îlots dits : *Rocher Prehel* et *Rocher Long* situés à l'entrée de la baie de Kerkabellec.

En outre, cette Carte permet de se bien rendre compte de l'ensablement qui s'est produit depuis cette époque dans le traict du Croisic, la baie de Kerkabellec et la baie de la Baule.

Les travaux de Ch. Barrois et d'Emm. de Martonne qui établissent les grands traits de la structure et de la morphologie de la presqu'île armoricaine appellent, notamment pour le littoral, de nombreuses confirmations de détail. Nous avons essayé d'en apporter quelques-unes. Nous avons voulu nous limiter à un sujet bien défini en nous attachant à en fouiller les détails de notre mieux. La baie de Gâvres et ses enveloppes nous a paru constituer une individualité géographique suffisamment marquée, bien que non isolée, pour mériter une étude un peu approfondie.

*   *
*

Lorsqu'on parcourt la rade de Lorient, on est frappé de la découpure des côtes. Les rochers sont déchiquetés, la mer pénètre à l'intérieur des terres à des distances plus ou moins grandes.

Si l'on quitte par contre le rivage, à quelques centaines de mètres déjà, on rencontre la forme caractéristique en mamelons et dômes arrondis des roches granitiques usées par l'érosion, en un mot on se trouve partout en présence d'un relief surbaissé à entailles adoucies et peu profondes. C'est le facies caractéristique des pénéplaines. De Lorient jusqu'à plusieurs kilomètres à l'intérieur, on ne trouve guère de hauteurs qui dépassent 3o^m, et si le sous-sol est formé d'un complexe de granulite, micaschiste, granite, la surface montre un horizon monotone.

La côte s'étend si basse qu'en plus d'un endroit la pénéplaine vient se raccorder presque exactement avec le niveau de la mer.

Cependant, dans cette uniformité, certains traits plus marqués contrastent. Ainsi le Blavet, pendant près de 14^{km}, coule au milieu d'échancrures profondes et ressemble, par son aspect général pendant 5^{km} à 6^{km}, à un fjord en miniature. Les bords en sont découpés, taillés soit dans la roche dure, soit dans le micaschiste, présentant des ramifications qui pénètrent à l'intérieur des terres. On se convainc immédiatement que toutes ces échancrures ne sont pas le résultat de l'érosion marine, mais bien la conséquence d'une érosion continentale passée qui a agi avec intensité sur un sol beaucoup plus élevé par rapport au niveau de la mer.

C'est le déplacement positif du niveau de base, ou mieux l'affaissement de la pénéplaine bretonne qui, submergeant ses vallées pro-

Fig. 1.

Environs de Locmalo.
Falaises de granulite décomposée avec leur couverture de gravier et de gros galets
(à marée haute).

fondément découpées, a donné ces promontoires et ces anses que la mer ne peut que détruire ou combler sans que son érosion en ait été la cause initiale. Il suffit d'ailleurs d'examiner les rivières qui coulent au milieu de ce relief émoussé aux courbes molles pour être de suite assuré qu'on n'a pas le droit de leur imputer une action érosive dont elles ne sont plus capables.

Dans la rade de Lorient, en dehors de son littoral découpé, montrant là des anses, ici des promontoires granulitiques, on est frappé par la présence des estuaires. Les embouchures du Scorff et du Blavet s'étalent avant de se jeter à l'Océan en une sorte de petite mer.

Ce sont évidemment d'anciennes vallées fluviales envahies par la montée des eaux marines.

Du côté de la mer, partout où s'accuse un angle rentrant, se développe un cordon littoral, en arc de cercle couronné de dunes, qui barre souvent une sorte de lagune. On peut en faire la remarque tout le long de la côte de Port-Louis à Quiberon où l'on voit se former des digues sableuses qui vont accrocher les îles et les relient au continent. L'île de Gâvres, située en face de Port-Louis, en est un exemple caractéristique. Une barre sableuse longue et incurvée, presque au niveau de la mer, la soude aujourd'hui au continent.

La presqu'île de Gâvres est séparée du continent par une petite mer intérieure, dite *mer de Gâvres*. Le flot, à marée haute, y exerce une action dévastatrice, tandis qu'à marée basse presque toute la mer de Gâvres est asséchée, montrant sur les côtes des dépôts sableux et en son milieu une vase brune, presque fluide. A marée haute, les vagues agissent comme des béliers sur tout son littoral. Les flots, depuis cinq ans, ont tellement défoncé la côte que celle-ci présente au Nord un facies tout à fait caractéristique de falaises qui atteignent en certains endroits plus de 4^m de hauteur.

Ce parcours d'ensemble nous paraît montrer une côte en voie d'affaissement et dont la régularisation se poursuit active. Nous verrons si une étude plus approfondie doit confirmer cette impression première.

. .

La baie de Gâvres est limitée au Sud par les dunes de la presqu'île de Gâvres, au Nord et à l'Ouest par le continent, à l'Ouest par les rochers granulitiques de Port-Louis et de Gâvres. C'est entre ces deux saillies rocheuses que s'ouvre son chenal d'entrée.

Les rochers, qui affleurent à marée basse sur une grande étendue, sont en partie recouverts par le flux. Ils forment de nombreux promontoires. L'état fissuré de la granulite facilite l'action destructive de la mer qui, tous les ans, en détache de nombreux blocs.

Du côté de Gâvres l'aspect est semblable. Au sud-ouest de la presqu'île, dans les criques, vient se déposer un sable fin et blanc qui s'étale en plages de 100^m à 200^m de longueur.

Lorsqu'on pénètre dans la mer de Gâvres en suivant la côte nord, dès qu'on a quitté les dernières maisons de Locmalo, commencent des falaises granulitiques qui, sans interruption, se prolongent jusqu'à Kerfaut, c'est-à-dire sur plus de 4^{km}. Sous l'influence du climat et aussi sous l'action des eaux marines, la granulite s'est profondément désagrégée, à ce point que les parois des falaises sont revêtues d'un épais manteau d'arène blanc gris.

Fig. 2.

Les falaises de Locmalo à marée basse.

Cette arène granulitique ne constitue pas, à vrai aire, la falaise sur toute sa hauteur. Elle atteint une épaisseur de 1^m à $1^m,5o$; au-dessus s'étalent des lits de galets faits le plus souvent de quartz blanc bien roulé. La grosseur des galets qui constituent ces lits d'une épaisseur de 20^{cm} va en diminuant à mesure qu'on se rapproche du sommet de la falaise. L'ensemble est couronné de sable et de terre. Souvent, assez près de Stevins, on remarque deux bandes de galets. La seconde est séparée de la première par un sable grossier qui atteint $5o^{cm}$ d'épaisseur.

On retrouve la même couverture alluviale sur les falaises entre Stevins et Riantec, ainsi qu'entre Riantec et Kerfaut.

Près de Riantec, la falaise, plus haute, atteint parfois 4^m; elle montre une granulite décomposée d'un rouge plus foncé. Les deux lits de galets existent là presque partout et s'offrent d'une netteté remarquable. Mais ils présentent un intérêt particulier près de Stevins. Les deux lits de gros galets, séparés par une épaisseur de 5o^{cm} de sable grossier, sortent successivement de terre; après s'être élevés suivant une pente assez forte pour atteindre la hauteur de 3^m à 4^m, ils deviennent horizontaux tout en restant parallèles (*fig.* 3). Il faut voir là des plages soulevées. A Stevins,

Fig. 3.

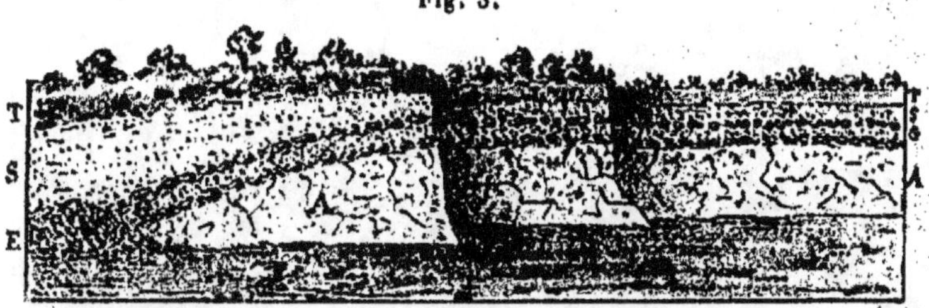

A, granulite arénisée; G, lignes de galets avec sables grossiers intercalés; S, sables; T, terre végétale; E, éboulis.

l'inclinaison des lits de galets semble montrer que la plage était, à certains endroits, creusée de dépressions sur la pente desquelles venaient se déposer les galets.

Entre Kerpun et Kerfaut s'alignent encore 100^m de falaises de granulite rouge décomposée, mais elles n'offrent qu'un lit de galets. A Stevins, la côte pénètre dans l'intérieur des terres.

A Riantec se présente une langue de mer plus importante qui s'enfonce dans les terres de près de 2^{km}. A marée basse, on voit s'élargir une vallée de 200^m à 300^m. A mi-chemin, l'érosion marine se trouve arrêtée par une chaussée artificielle qui sert de pont à la route.

Entre ces falaises rocheuses, le sol souvent vient en pente douce vers la mer. Mais partout attaqué, il forme de petites saillies de terre et de sable dont la hauteur varie de 20^{cm} à 1^m.

A marée basse, la mer de Gâvres est presque entièrement asséchée. Sur le bord de la côte s'étalent un sable et des galets roulés, mais à 100^m du rivage se dépose une vase verdâtre dans laquelle on enfonce profondément.

A marée haute, la mer recouvre complètement la baie de Gâvres. Elle vient contre les falaises et les bat avec plus ou moins de violence. Son action destructive est en certains endroits si considérable qu'on a dû édifier des murs de défense. Malheureusement ils résistent peu et sont bientôt enlevés par la mer. Ainsi, près de Stevins, un mur, construit à frais communs par des propriétaires côtiers, n'a pu les protéger contre l'éboulement. La défense est presque impossible.

Fig. 4.

Baie de Gâvres à Kerpun. Falaises en voie de dissection.

Il s'élève près de Kerpun une île couverte de dunes, l'île Saint-Léon, sur laquelle on avait bâti autrefois. La mer la détruit chaque jour. Elle offre aujourd'hui l'aspect d'un plateau surmonté d'un seul arbre courbé par le vent, et frangé de petites falaises hautes de 20^{cm} à 30^{cm}. D'autres îles ont maintenant disparu.

Il faut penser que jadis les dunes allaient jusqu'à la côte nord et qu'alors la baie de Gâvres n'existait pas. Par suite d'un affaissement de la côte, la mer a pénétré peu à peu entre les promontoires de Gâvres et de Port-Louis, détruisant la chaîne des dunes dont certaines parties respectées sont restées isolées.

L'affaissement doit se poursuivre puisque la mer mord cette côte chaque jour davantage. Le littoral est rejeté à l'intérieur des terres.

Cette région a subi des oscillations diverses. A la fin de la période tertiaire il s'est formé, ainsi que l'a montré Ch. Barrois, par suite d'un affaissement du sol, un vaste estuaire qui s'étendait

Fig. 5.

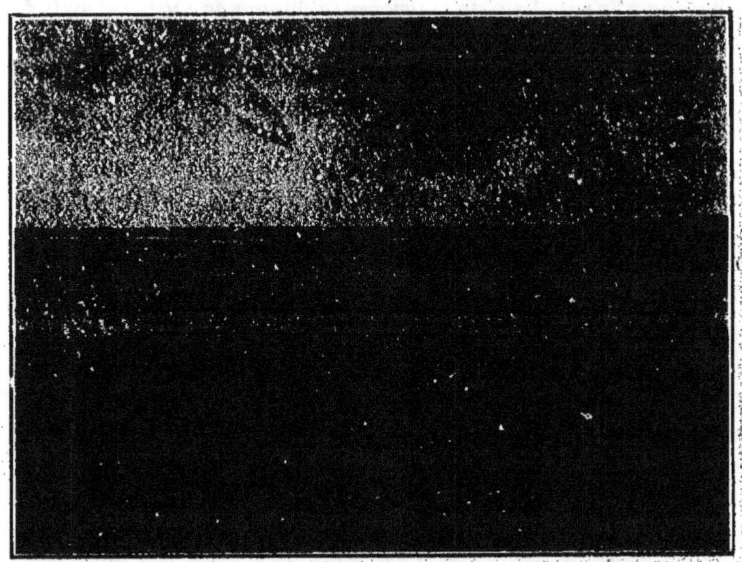

Plage vaseuse de la baie de Gâvres surmontée de buttes sableuses demeurées à l'état de témoins de son ancienne couverture dunaire (à l'horizon profil de l'île Saint-Léon).

des vallées du Blavet à celle d'Etel ([1]). Cet estuaire a été comblé par des dépôts qu'on retrouve aujourd'hui à l'état de sables grossiers, jaunâtres, constitués de grains et de galets quartzeux, dans tout le pays plat, planté de pins, qui s'étend du Blavet à la rivière d'Etel. Ces sédiments, peu à peu soulevés, furent enfin émergés. Les cordons de galets qu'on remarque sur la granulite des falaises

---

([1]) Ch. Barrois, *Notice de la feuille de Lorient*, n° 88, dans Carte géologique détaillée de la France au ₁₀₀₀₀₀.

décèlent des plages soulevées; près de Riantec elles s'offrent avec netteté.

Depuis, le mouvement s'est effectué en sens inverse. Le sol s'enfonce et la mer pénètre de plus en plus à l'intérieur des terres.

On sait tout le profit qu'on peut souvent retirer de la comparaison des Cartes géographiques anciennes avec la morphologie actuelle. Ces documents exigent évidemment un emploi circonspect. Sur une Carte de Cassini qu'on peut rapporter à la date de 1820 ou 1821, la baie de Gâvres est dénommée *marais,* mais à marée basse elle justifie assez bien cette appellation et il est probable que l'auteur l'aura préférée à celle un peu prétentieuse de *mer* ou même de *baie*.

Les côtes de la rade de Lorient portent aussi la marque des actions érosives de la mer. Après le promontoire granulitique qui porte le fort de Kerso et s'avance en mer avec une granulite fissurée, se dessine une anse profonde.

Le fond, formé de sables et graviers, descend en pente douce vers la mer; des terrains, tapissés d'une végétation que vient recouvrir le flux, forment une zone avancée.

A partir du Loch, les falaises commencent et l'on se rend compte de l'action envahissante de la mer. Du côté des sables et galets, les riverains ont vu rapidement disloqué un mur entier de pierres.

En avant des falaises constituées de granulite décomposée et parfois transformée en argile on a reconstruit, il y a une quinzaine d'années, un second mur, maçonné solidement, qui a assez bien résisté, mais les falaises qui le continuent sont aujourd'hui en recul de plus de 1^m,50 sur lui.

Les falaises ne tardent pas à devenir plus élevées. Elles atteignent de 4^m à 6^m et, à marée haute, les vagues battent leur base avec violence. Tous les jours il s'en écroule et l'on voit, le long de leurs crêtes, les vestiges d'un chemin qu'il y a deux ans les longeait. Le nouveau chemin qu'on a tracé n'est, à certains endroits, qu'à 50^{cm} du bord.

Dans la rade de Lomiquelic les falaises atteignent la hauteur de 2^m à 5^m, si bien qu'à marée haute on se trouve dans une crique dominée par des falaises avec, çà et là, quelques gros blocs émergeant.

Au delà de Pen-Mané se rencontre à nouveau la côte à pente

insensible formée de sables et de graviers que prolonge encore
une avancée de terrains marécageux que la mer vient recouvrir.

En cet endroit la mer a pénétré profondément. On a dû protéger
la route de Lomiquelic à Kervern par un mur qui est d'ailleurs
déjà défoncé.

Au cours de nos investigations, nous avons été frappés par la

Fig. 6.

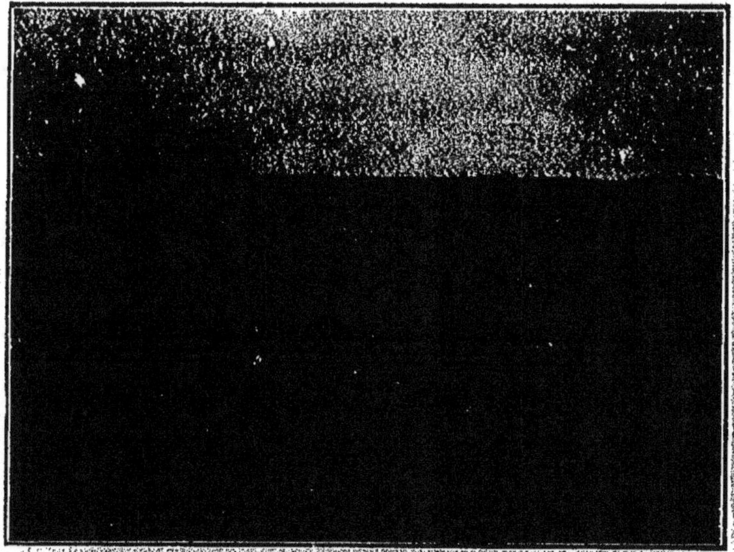

Prairie marine disséquée par la mer dans l'anse de Kerderff.

fréquence des murs de défense élevés par les habitants contre les
emprises de l'Océan. Les efforts, qui le plus souvent sont indivi-
duels, deviennent communs quand le danger menace de s'étendre
sans délai. La longueur, la solidité du mur ne peuvent empêcher
sa destruction. D'abord désagrégé, puis disloqué, il s'éboule enfin,
éparpillant ses débris. Tant qu'il se tient homogène, ou même
qu'écroulé, ses matériaux élèvent un rempart encore suffisant; il
assure l'intégrité du champ qu'il protège, mais ce n'est toujours que
pour un temps. Des champs sont enlevés presque en entier. Il n'en
subsiste que des vestiges, ainsi que le montre un coin de terre limité
par ces levées qui, dans le pays, bordent presque tous les champs.

L'influence destructive de l'Océan se fait sentir presque jusqu'à Hennebont. Entre Lorient et le Pont du Bonhomme, elle est intense.

A Saint-Guenaël s'élèvent des falaises de micaschiste fissuré, décomposé, hautes de 5^m. L'action de la mer se montre ici encore évidente. De nombreux arbres se voient qui ne tiennent plus que par leurs racines et s'écroulent.

Toute cette partie du Blavet est encadrée de falaises profondément déchiquetées, qui par endroits s'effilent en promontoires rocheux que prolongent encore des récifs presque à fleur d'eau.

Dans certaines anses, celle de Kerderff par exemple, nous avons pu voir des prairies marines que le flux vient recouvrir en les disséquant.

A Saint-Guenaël, se dessine un estuaire étroit qui s'enfonce jusqu'à 2^{km} dans l'intérieur. A quelque distance de son embouchure il se trouve barré par une chaussée qui, en même temps qu'elle offre un passage à la route, retient l'eau qui fait tourner la roue d'un moulin. En arrière de cette digue l'eau s'étale en un lac, l'*étang du Plessis*, encadré de petits dômes arrondis qui rappellent remarquablement le fjord de Christiania, puis se rétrécit à nouveau. On a là une vallée fluviale envahie par la mer qui voit aujourd'hui son action limitée par cette chaussée. Cependant, au moment des fortes marées, il arrive souvent qu'elle vienne balayer le chemin. Elle a même, presque au coin de la route, dégradé le mur qui protège une propriété riveraine. A marée basse on voit, au milieu de la vase qui s'étale jusqu'à la digue, serpenter la rivière en méandres profonds de 1^m à 2^m. On peut saisir là l'indice d'un déplacement du niveau de base.

Dès qu'elle a franchi la digue, avant d'atteindre le pont du Bonhomme, la route doit surmonter une butte qui atteint 32^m de hauteur. Sur une certaine distance elle s'élève dans une tranchée qui nous a montré un banc de sable mêlé de graviers et de blocs roulés et anguleux, témoins d'un abondant ruissellement passé.

L'entrée du Scorff, comme celle du Blavet, révèle l'action de la mer. Au loin s'arrondissent des dômes limitant l'estuaire large et sinueux.

La mer a attaqué cette embouchure avec rage. En un endroit sur la rive gauche, non loin du pont du chemin de fer, vers

l'amont, on a dû, afin de protéger les champs que la mer était déjà
venue recouvrir, élever une digue sur une étendue assez longue. A
une centaine de mètres en arrière, on perçoit très nettement la

Fig. 7.

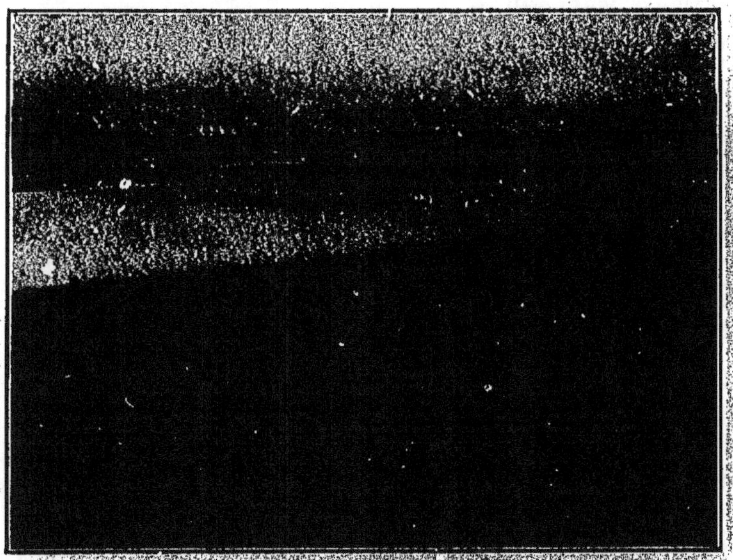

Ria au Plessis.

marque de son extension sous forme d'une ligne de rivage, tailladée
de petites falaises, qui, au milieu des champs, dessine un léger
escarpement de 60^{cm} de hauteur.

*
* *

Les conclusions que nous permet d'énoncer notre étude locale
peuvent se ramener à deux :

1° La région a subi des oscillations et est actuellement le
siège d'un mouvement positif.

L'estuaire que Ch. Barrois croit dater de la fin de la période tertiaire a été soulevé d'une hauteur pouvant aller jusqu'à 20^{m}. On
trouve, ainsi que nous l'avons constaté dans la baie de Gâvres, des
restes de plages soulevées.

Mais ensuite l'affaissement se produit, la mer pénètre peu à peu dans les terres et aussitôt commence l'action érosive des vagues. Aujourd'hui la destruction due aux flots est considérable. Et ce fait ne trouve sa raison que dans l'actuelle continuité du phénomène d'ennoyage. La morphologie du littoral est intimement liée à un mouvement positif.

Cependant les travaux de Marcel Chevalier qui, nous l'avons vu, apportent des preuves en faveur d'un soulèvement des rivages de la presqu'île guérandaise, sembleraient en faveur d'une émersion actuelle des côtes bretonnes. C'est, croyons-nous, un mouvement local, un épisode peut-être, sans portée générale. D'ailleurs, l'auteur n'a pas prétendu étendre ses conclusions au delà de la limite de ses recherches.

2° La côte est en voie de régularisation active, grâce à l'attaque très vive de la mer, à l'alluvionnement des rivières telles que le Scorff et le Blavet, à la régularité des courants marins.

Cependant, ainsi que l'a noté Emm. de Martonne [11, p. 314], les rivières n'apportent pas assez d'alluvions pour construire des deltas et l'action des courants de marée empêche la fermeture des rias; de telle sorte que, en somme dans ce travail, c'est encore celui de la mer qui a le plus d'effet.

Cette étude a été faite au Laboratoire de Géographie physique de la Sorbonne, sous la direction de M. le Professeur Ch. Vélain que nous remercions bien vivement des conseils qu'il a bien voulu nous donner.

INDEX BIBLIOGRAPHIQUE.

Carte topographique de la France au $\frac{1}{80000}$ de l'État-Major (feuille de Lorient).|

Carte géologique détaillée de la France au $\frac{1}{80000}$ (feuille de Lorient n° 88 et Notice).

1. — O. BARRÉ, *L'Architecture du sol de la France*, Paris, 1903.

2. — Ch. BARROIS, *Sur les plages soulevées de la côte occidentale du Finistère* (Annales de la Société géologique du Nord, t. IX, 1882, p. 239-268, *Pl. V*).

3. — Ch. BARROIS, *Sur les phénomènes littoraux actuels du Morbihan* (Annales de la Société géologique du Nord, t. XXIV, 1896, p. 182-226).

4. — Ch. BARROIS, *Sur la répartition des îles méridionales de la Bretagne et leurs relations avec les failles d'étirement* (Annales de la Société géologique du Nord, t. XXVI, 1897, p. 2-16).

5. — Ch. BARROIS, *Des divisions géographiques de la Bretagne* (Annales de Géographie, t. VI, 1897, p. 23-44, 103-122, carte, *Pl. I*).

6. — Ch. BARROIS, *Excursion géologique en Bretagne* (Livret-guide du Congrès géologique de Paris, 1900).

7. — Marcel CHEVALIER, *Note sur les oscillations des rivages de la Loire-Inférieure* (Bulletin de la Société géologique de France, t. IX, 1909, p. 326-333).

8. — Al. CHÉVREMONT, *Les mouvements du sol sur les côtes occidentales de la France*, 1 vol. in-8, 479 pages, 16 planches. Paris, 1882.

9. — J. GIRARD, *Soulèvements et dépressions du sol sur les côtes de France* (Bulletin de la Société géologique de France, t. IX, 1875, p. 225).

10. — Emm. DE MARTONNE, *Le développement des côtes bretonnes et*

leur étude morphologique (*Travaux du Laboratoire de Géographie de l'Université de Rennes*, n° 1, 1902).

11. — EMM. DE MARTONNE, *La pénéplaine et les côtes bretonnes* (*Annales de Géographie*, t. XV, 1906, p. 213-236, 299-328).

12. — L. QUENAULT, *Les mouvements de la mer, ses invasions et ses relais sur les côtes de l'océan Atlantique*, etc., 1 br. in-8, 67 pages, 1 planche. Coutances, 1869.

13. — RÜTIMEYER, *Die Bretagne*. Bâle, 1883.

14. — FR. SCHWIND, *Die Riasküsten und ihr Verhältniss zu den Fjordküsten...* (*Sitzber. Böhm. bes. Wiss. math. naturev. Kl.* Prag, 1901).

15. — CAMILLE VALLAUX, *Sur les oscillations des côtes occidentales de la Bretagne* (*Annales de Géographie*, t. XII, 1903, p. 19-30).

Vu et approuvé :

Paris, le 22 mai 1912.

LE DOYEN DE LA FACULTÉ DES SCIENCES,

PAUL APPELL.

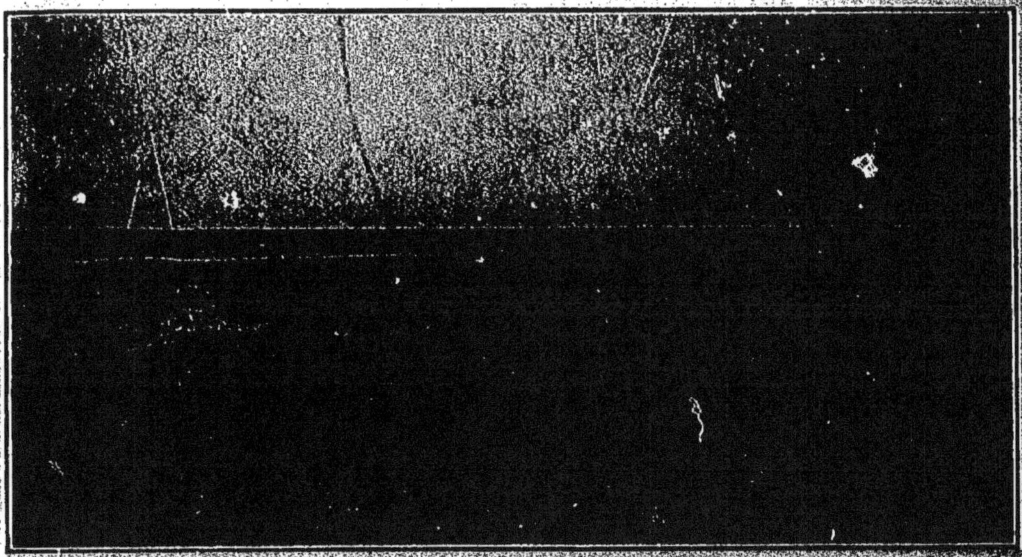

Plaine d'alluvions modernes de la presqu'île de Gàvres transformée en polder.

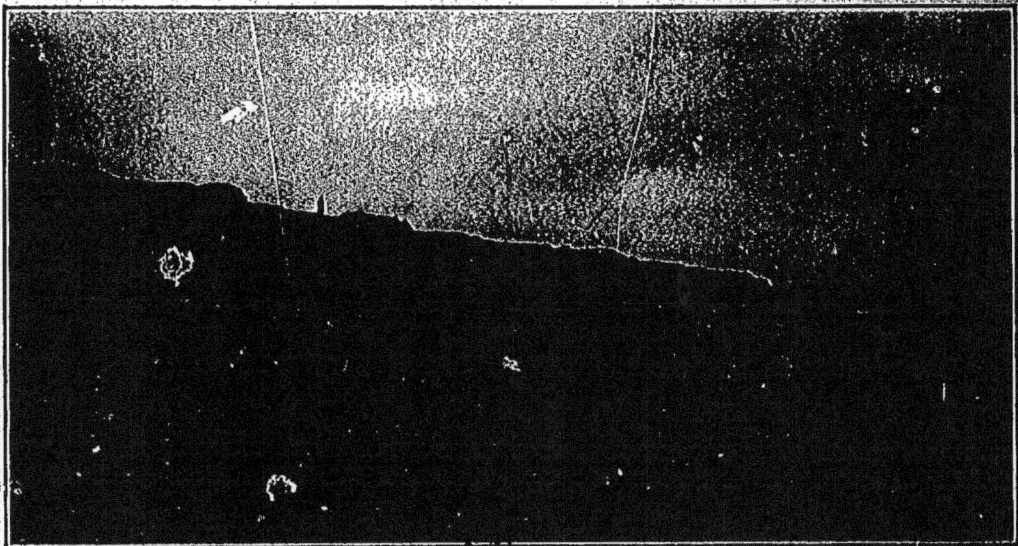

Falaises granulitiques de la mer de Gàvres recouvertes d'alluvions anciennes, et dont le recul est attesté
par la surface d'abrasion de la granulite qui s'étale à leur pied.

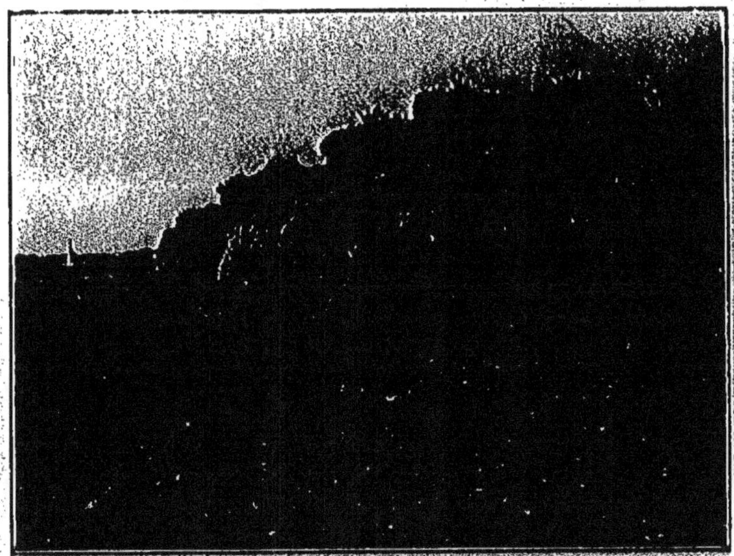

Granulite fissurée dessinant la côte près du fort de Kerso.

Anse du fort de Kerso avec promontoire de granulite.

Le Loch. Mur de défense défoncé par la mer.

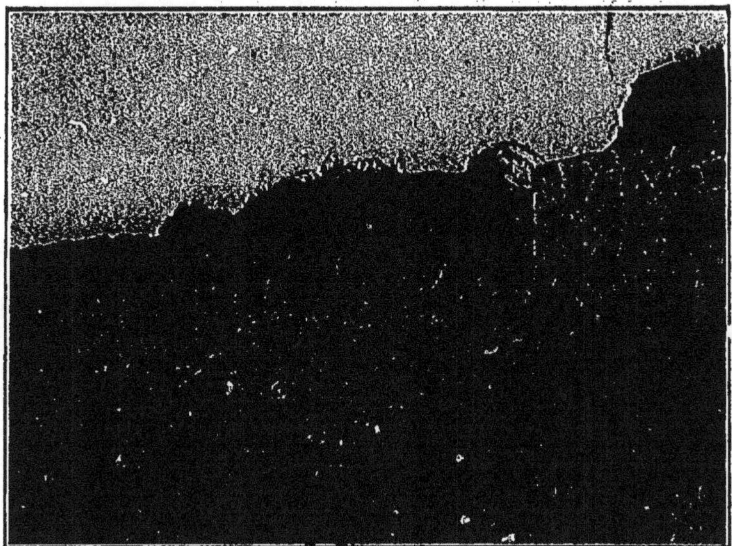

Le Loch. Mur de défense mis en saillie par l'érosion marine
et permettant d'apprécier le recul des falaises situées dans son prolongement.

PROPOSITIONS DONNÉES PAR LA FACULTÉ.

Géologie. — Les actions littorales.

Physique du globe. — Constantes physiques des eaux de la mer.

Vu et approuvé :

Paris, le 22 mai 1912.

Le Doyen de la Faculté des Sciences,

Paul APPELL.

49762 Paris. — Imprimerie GAUTHIER-VILLARS, quai des Grands-Augustins, 55.